Bibliografische Information der Deutschen Nationalbibliothek:

Die Deutsche Bibliothek verzeichnet diese Publikation in der Deutschen Nationalbibliografie; detaillierte bibliografische Daten sind im Internet über http://dnb.d-nb.de/ abrufbar.

Impressum:

Druck und Bindung: Books on Demand GmbH, Norderstedt Germany
ISBN: 9783668276192

Dieses Buch bei GRIN:

http://www.grin.com/de/e-book/338577/nachgedacht-iii-ueber-relativitaet-unvollstaendige-schwarze-loecher

Joachim Schmidt

Nachgedacht III. Über Relativität, unvollständige Schwarze Löcher, einfache Ableitung der Ereignishorizont-Gleichung und anderes

GRIN Verlag

Joachim Schmidt

Nachgedacht III

Über Relativität, Unvollständige Schwarze Löcher,

Einfache Ableitung der Ereignishorizont-Gleichung und anderes.

Inhaltsverzeichnis

1. Einführung

Dies ist die dritte Veröffentlichung unter dem Label „Nachgedacht“. Anders als in der ersten Veröffentlichung zur Volumenarbeit [1] und der zweiten zu potentiellen Energien (Gasvolumen, elektrostatische Wechselwirkung, gespannte Feder, Gravitation) [2], in denen wir uns kritisch mit Sachverhalten auseinandergesetzt haben, die in der Fachliteratur ungenügend oder missverständlich oder in sich widersprüchlich dargestellt sind, geht es hier um ein besseres Verständnis von Ergebnissen der Einsteinschen Relativitätstheorie und kosmischer Erscheinungen, die Gegenstand viel gelesener populärwissenschaftlicher Bücher sind und über die auch in Zeitschriften und Tageszeitungen berichtet wird.

Der Autor war auf dem Gebiet der Physikalischen Chemie in Forschung und Lehre an der Pädagogischen Hochschule Potsdam und nach der Wende an der aus ihr hervorgegangenen Universität tätig. Doch seit er bei Ferienaufenthalten im Oderbruch durch ein kleines Fernrohr die Jupitermonde erspähte, ein Wetterleuchten von einem Gewitter unterscheiden lernte und später in Potsdam auf dem kleinen Ravensberg stehend den Abendhimmel beobachtete und mit bloßem Auge sah, wie die rotglühende Sonne sich langsam mit ihren Sonnenflecken (die er anfangs für schwarze Vögel hielt) dem Horizont näherte, haben ihn die Vorgänge im Weltall interessiert. Für ihn gibt es nichts Erhabeneres als in einer lichtarmen Gegend den Sternenhimmel zu bewundern oder mit dem Fernglas die seltsamen Formen auf einem hell leuchtenden Vollmond zu bestaunen.

Trotz aller Bewunderung der uns umgebenden Natur bin ich auf dem Gebiet der Kosmologie und insbesondere der Astrophysik interessierter Laie geblieben. Grundkenntnisse in Differential- und Integralrechnung sind auch auf unserem Arbeitsgebiet der Physikalischen Chemie nötig, auch habe ich mich mit der Vektorrechnung befasst und in Nachgedacht I und II bedauert, dass in wissenschaftlichen Arbeiten Gleichungen häufig mit den Beträgen von Vektoren formuliert werden, diese aber dann - wie die Vektoren selbst - als gerichtete vorzeichenbehaftete Größen interpretiert werden.

Doch z.B. beim Versuch, die mathematischen Schritte der Relativitätstheorie nachzuvollziehen, stoße ich schmerzlich an meine Grenzen. Albert Einstein hat selbst mehrere Schriften für interessierte Laien verfasst. Ein Buch ist auch für Nichtmathematiker geeignet. Der Titel lautet: „Über die spezielle und die allgemeine Relativitätstheorie“ [3]. Das zweite Büchlein in der gleichen Reihe mit dem Titel „ Grundzüge der Relativitätstheorie“[4], das auf vier Vorträgen an der Universität Princeton 1921 fußt, ist schon viel schwieriger zu verstehen. Und das Buch von Hermann Weyl „Raum-Zeit-Materie Vorlesungen über Allgemeine Relativitätstheorie“ [5], was von Werner Heisenberg sehr gelobt wurde, weil er es schon als Schüler begriffen hat, strotzt so vor mathematischen Begriffen und Regeln, dass ich das Lesen schon nach einigen Seiten aufgeben musste. So habe ich mich vor allem mit Einsteins „ Über die spezielle und die allgemeine Relativitätstheorie“ befasst und Bücher von Stephen Hawking [6, 7, 8] und Simon Singh [9] gelesen. In Simon Singhs „Big Bang Der Ursprung des Kosmos und die Erfindung der modernen Naturwissenschaft“ erfährt man neben den wissenschaftlichen Theorien Interessantes über das Leben derjenigen, die mit ihren astronomischen Beobachtungen dafür die Voraussetzungen geschaffen haben.

Die Fragen, welche sich mir auftun, resultieren aus der Lektüre von [3] und dem Nachdenken über die geschilderten Probleme und deren angegebenen Lösungen. Über manches habe ich mir eine eigene Meinung gebildet, wahrscheinlich bin ich nicht der Erste, der sie äußert. Ich gehe davon aus, dass meine Fragen auch andere

Leser bewegen, und deshalb möchte ich mit meiner Publikation Fachwissenschaftler anregen, in Wort und Schrift auf die behandelten Probleme - und seien es auch nur Scheinprobleme – einzugehen.

2. Zur Relativität der Bewegung

Die folgenden Ausführungen befassen sich mit den Abschnitten in [3], welche in logischer Folge den Leser zum Verständnis der Lorentz-Transformation und der speziellen Relativitätstheorie führen sollen. Es geht um folgende Fragen:

- Sind die von Einstein definierten Galileischen Koordinatensysteme gegenüber der Ausbreitung des Lichtes gleichwertig?
- Worin unterscheidet sich die Ausbreitung des Lichtes im All grundsätzlich von der Bewegung einer Person, eines Fahrzeugs oder eines anderen bewegten Systems, welches Masse hat und beschleunigt werden kann.
- Welche Kriterien lassen es als sinnvoll erscheinen, ein System als das ruhende und das andere als das sich bewegende zu betrachten?
- Wie ist Einsteins Frage „Könnte ich mein Spiegelbild sehen, wenn ich mich mit Lichtgeschwindigkeit bewegen könnte" einzuordnen?
- Wie begründet Einstein die Relativität der Gleichzeitigkeit?
- Bei der Addition von Geschwindigkeiten gemäß der Galilei-Transformation muss man unterscheiden, ob die Bewegung der Systeme K und K´ sich gleichgerichtet oder einander entgegengerichtet bewegen. In den Gleichungen der Lorentz-Transformation wird dies nicht berücksichtigt, obwohl sie für den Fall, dass die Relativgeschwindigkeit v sehr viel kleiner als die Lichtgeschwindigkeit c ist, in die Gleichungen der Galilei-Transformation übergehen sollen. Wie ist dieser anscheinende Widerspruch zu erklären?
- Ist der mechanisch oder chemisch oder biologisch bedingte reale Ablauf eines Prozesses unabhängig von jeglicher Definition der Zeit?
- Ist das Zwillingsproblem ein Problem der realen unterschiedlichen Alterung oder nur eine Frage der unterschiedlichen Wahrnehmung durch einen Beobachter?

2.1 Das Relativitätsprinzip im engeren Sinn und Galileische Koordinatensysteme

Gemeinhin glaubt man zu wissen, was man unter dem Relativitätsprinzip zu verstehen hat: Bewegung ist relativ, das heißt, ob sich ein erster Körper in „Ruhe" befindet und sich ein zweiter Körper auf ihn zubewegt, kann auch umgekehrt gedeutet werden, nämlich, dass der zweite Körper ruht, und der erste Körper sich bewegt oder dass sich beide aufeinander zubewegen.

Einstein unterscheidet das Relativitätsprinzip im engeren Sinn von dem im allgemeineren Sinn.

Das Relativitätsprinzip im engeren Sinn besagt [3, S.15]:

> *Ist K´ ein in Bezug auf K gleichförmig und drehungsfrei bewegtes Koordinatensystem, so verläuft das Naturgeschehen in Bezug auf K´ nach genau denselben allgemeinen Gesetzen wie in Bezug auf K.*

Eines der wichtigsten Naturgesetze der Mechanik und ein Kriterium für die Gültigkeit des Relativitätsprinzips im engeren Sinn ist das Trägheitsgesetz. Das Trägheitsgesetz der Galileisch-Newtonschen Mechanik besagt in der Einsteinschen Formulierung:

Ein von anderen Körpern hinreichend entfernter Körper verharrt im Zustand der Ruhe oder der gleichförmig-geradlinigen Bewegung.

Ganz exakt gilt das Trägheitsgesetz demzufolge nur, wenn auf den Körper keine Gravitationskräfte wirken. Ein Koordinatensystem, in dem nahezu keine Gravitationskräfte wirken und das Trägheitsgesetz und das Relativitätsprinzip im engeren Sinn gelten, nennt Einstein ein Galileisches Koordinatensystem. Dessen Orientierungspunkte können die sichtbaren Fixsterne sein. Die Galileischen Koordinatensysteme sind ein wesentliches Arbeitsmittel Einsteins bei der Beschreibung von Ereignissen, die z.B. in K und K′ zu bestimmten Zeiten stattfinden. Um ein Ereignis zu kennzeichnen, muss man den Ortskoordinaten x, y und z in K und x′, y′, z′ in K′ noch die jeweilige Zeitkoordinate t bzw. t′ hinzufügen.

Bezüglich eines Galileischen Koordinatensystems stellt Einstein fest [3, S 15]:

Ist K ein Galileisches Koordinatensystem, so ist auch jedes andere Koordinatensystem K′ ein Galileisches, das gegenüber K im Zustande gleichförmiger Translationsbewegung ist.

Und Einstein stellt weiter fest [3, S.16], dass alle Galileischen Koordinatensysteme bezüglich der Gültigkeit der Naturgesetze als gleichwertig zu betrachten sind.

Er formuliert:

Wenn das Relativitätsprinzip (im engeren Sinn) nicht gilt, so werden die relativ zueinander gleichförmig bewegten Galileischen Koordinatensysteme K, K′,K′′ usw. nicht gleichwertig sein für die Beschreibung des Naturgeschehens. Dann wäre es kaum anders denkbar, als daß die Naturgesetze besonders einfach und natürlich sich nur dann formulieren ließen, wenn unter allen Galileischen Koordinatensystemen eines (K_0) von bestimmtem Bewegungszustande als Bezugskörper gewählt würde. Dieses würden wir dann mit Recht (wegen seiner Vorzüge für die Naturbeschreibung) als das „absolut ruhende" bezeichnen, die übrigen Galileischen Systeme K aber als „bewegt".

Um die Anschaulichkeit bei seinen Darlegungen zu erhöhen, ordnet Einstein das Koordinatensystem K einem Bahndamm und das Koordinatensystem K′ einem gleichförmig mit der Geschwindigkeit v fahrenden Zug zu. In einem Wagen läuft eine Person in Richtung des fahrenden Zuges in einer Sekunde die Strecke w.

Eine Folge des Relativitätsprinzips im engeren Sinn und der Gleichwertigkeit der Galileischen Koordinatensysteme soll sein, dass die Person im Wagen nicht beurteilen kann, ob sie oder ob der Bahndamm sich bewegt.

Mit dieser Feststellung wollen wir uns als Erstes befassen.

Wir meinen, in Bezug auf einen Lichtstrahl, der in den weiteren Betrachtungen Einsteins eine besondere Rolle spielt, sind die Galileischen Koordinatensysteme nicht alle gleichwertig und die Person im Wagen kann deshalb doch feststellen, dass sie sich bewegt. Wir wollen unsere Aussage begründen:

Dem All, in welchem sich ein Lichtstrahl gradlinig mit konstanter Geschwindigkeit bewegt, ist unseres Erachtens in Bezug auf das Licht ein besonderes Koordinatensystem zuzurechnen, und dieses Koordinatensystem unterscheidet sich diesbezüglich von den im All bewegten Koordinatensystemen. Wenn z. B. die Person in dem sehr schnell fahrenden Wagen einen quer zum Wagen verlaufenden Lichtstrahl beobachten könnte, wenn z.B. im

Wagen eine Nebelkammer aufgestellt wäre, würde sie den Lichtstrahl nicht geradlinig, sondern gekrümmt wahrnehmen, denn das Licht verhält sich anders als ein Gegenstand, der die ursprüngliche Beschleunigung des Wagens mitgemacht und die gleichförmige Bewegung des Wagens übernommen hat. Auf eine Person, die im Wagen Tischtennis spielt, trifft die Bemerkung Einsteins sicher zu. Ein Pingpong-Ball z.B. wird in einem gleichförmig sich bewegenden Wagen senkrecht hin und her hüpfen können. Er hat die Bewegungsgröße bzw. Geschwindigkeit des Wagens angenommen, weil er zuvor wie der Wagen beschleunigt worden ist. Das Licht aber kann nicht beschleunigt werden, nicht bei der Emission und nicht bei der Fortpflanzung, denn es hat keine Masse und im Vakuum auch keine Wechselwirkung mit dem Medium, in welchem sich das Licht fortpflanzt. Die Fortpflanzung des Lichtes ist völlig unabhängig von der Bewegung des Wagens. So kommt es, dass das Fortpflanzungsgeschehen für einen Beobachter im All nach einem anderen Gesetz verläuft als für einen Beobachter im gegenüber dem All gleichförmig sich bewegenden Wagen bzw. in dem ihm zugeordneten Koordinatensystem. Die den Lichtstrahl im Wagen beobachtende Person wird aus dem bezogen auf das Innere des Wagens gekrümmten Verlauf des Lichtstrahls schließen können, dass sich der Wagen und nicht der Bahndamm bewegt. Daraus schlussfolgere ich, dass ein auf die Fixsterne und das ruhende All bezogenes Koordinatensystem bezüglich des Lichtes doch ein besonderes Galileisches Koordinatensystem ist.

2.2 Zu Einsteins Spiegelversuch

Mit der oben geschilderten Besonderheit des Lichtes, nämlich dass es sich stets im All unbeeinflussbar mit konstanter Geschwindigkeit ausbreitet, hängt meines Erachtens auch Folgendes eng zusammen.

In der Literatur wird erwähnt, dass Einsteins Überlegungen zur Relativitätstheorie damit begannen, dass er sich in einem Gedankenversuch fragte, ob ein Lichtstrahl sein Gesicht verlassen könnte, wenn er sich in gleicher Richtung und gleicher Geschwindigkeit wie das Licht bewegen würde. Wenn der Lichtstrahl sein Gesicht nicht verlassen könnte, würde er sein Spiegelbild nicht sehen können und dies würde ihm signalisieren, dass er sich bewegt. Und Einstein meinte, dies wäre ein Verstoß gegen das Relativitätsprinzip, denn aufgrund des Relativitätsprinzips sollte man in einem gleichförmig sich bewegenden, gegen die Umwelt isolierten System nicht feststellen können, ob man sich bewegt.

Einen Verstoß gegen diese Konsequenz des Relativitätsprinzips und damit gegen das Prinzip selbst kann ich nicht erkennen. Die Gründe sind folgende:

Es ist nicht zu bestreiten, dass man in einem völlig abgeschirmten Wagen nicht beurteilen kann, ob sich der Wagen bewegt. Doch wenn Signale aus der Umgebung empfangen werden können, z. B. wenn man aus dem Fenster eines fahrenden Zuges sehen kann, wird man natürlich wahrnehmen können, dass man sich relativ zur Umgebung bewegt. Die Wahrnehmung der Bewegung kann dann kein Verstoß gegen die Konsequenz des Relativitätsprinzips sein, nämlich, dass man in einem isolierten System nicht beurteilen kann, ob man sich überhaupt bewegt, denn die Bedingung der völligen Isolation ist nicht gegeben. Ich meine, und das ist entscheidend, ein Lichtstrahl, der sich geradlinig mit konstanter Geschwindigkeit im All bewegt, egal ob er durch ein Fenster eindringt oder im Wagen erzeugt wurde, wäre für die Person in einem sonst abgeschirmten Eisenbahnabteil – wie ein Blick aus dem Fenster - ein Signal aus der Umgebung. Damit entfällt der Bezug zu der geschilderten Konsequenz zum Relativitätsprinzip und somit auch zu diesem selbst.

Zu Einsteins Gedankenversuch meine ich: Vielleicht könnte man wirklich sein eigenes Spiegelbild nicht sehen, wenn man sich mit Lichtgeschwindigkeit bewegen könnte. Doch dies ist ja leider experimentell nicht überprüfbar.

2.3 Die Relativität von „Ruhe" und Bewegung

Aus der Relativität der Bewegung erwächst die Frage, ist die Zuordnung von „Ruhe" und Bewegung prinzipiell nicht möglich und unrealistisch, oder gibt es Umstände, die eine Zuordnung sinnvoll erscheinen lassen. Wenn die Körper sehr ähnlich sind, gilt wohl die Aussage, dass es prinzipiell nicht möglich ist zu entscheiden, ob sich ein erster Körper in „Ruhe" befindet und sich ein zweiter Körper auf ihn zubewegt oder dass der zweite Körper ruht, und der erste Körper sich bewegt oder dass sich beide aufeinander zubewegen. Ruhe ist natürlich auch nur per Definition dem Zustand eines Körpers zuzuordnen.
Doch es gibt Einschränkungen der absoluten Relativität. Auf diese wollen wir in diesem Abschnitt eingehen.
Die folgenden Überlegungen über die Zuordnung von „Ruhe" und Bewegung beziehen sich auf Systeme, in denen Gravitation eine Rolle spielt und welche nicht drehungsfrei sind, auf welche also das Relativitätsprinzip im engeren Sinn nicht zutrifft, doch wir meinen, dass unsere Schlüsse allgemeinerer Natur sind und wenig mit dem Relativitätsprinzip zu tun haben. Wir betrachten Beispiele, wo eine Zuordnung Sinn macht.

2.3.1 Das Kriterium der Lichtgeschwindigkeit

Das erste Kriterium, welches man bezüglich der Zuordnung zu beachten hat, ist die durch die Lichtgeschwindigkeit bedingte Grenze. Kein Körper kann sich schneller bewegen als die Lichtgeschwindigkeit mit ca. 300000 km/s.
Ptolemäus und seine Anhänger nahmen an, dass sich die Erde im Mittelpunkt des Kosmos befindet und die Sonne sowie die Planeten und die anderen Sterne sich innerhalb von 24 Stunden um die Erde drehen. Heute kennen wir die große Entfernung der Fixsterne. Unter der Annahme, dass die Erde starr ruht, müssten sich die weit entfernten Gestirne mit einer Umlaufgeschwindigkeit um die Erde drehen, welche größer als die Lichtgeschwindigkeit ist. Also sind allein aus diesem Grunde im Galileischen Koordinatensystem die Gestirne das „Ruhende" und die Erde das sich Bewegende.
Interessant ist in diesem Zusammenhang, dass man den Abstand eines Sternes von der Erde ausrechnen kann, der gerade einer Umlaufgeschwindigkeit mit Lichtgeschwindigkeit entsprechen würde.
Aus $\Delta s = v\,\Delta t$ und dem Kreisumfang $\Delta s = 2\pi\, r$ folgt $r = v\,\Delta t/(2\pi)$. Mit $\Delta t = 24$ h = 86400 s und $v = c = 300000$ km/s berechnet man $r = 4{,}13 * 10^9$ km. Dies ist viel weniger als ein Lichtjahr mit $9{,}46 * 10^{12}$ km.
Für Sterne, die von der Erde weniger weit entfernt sind als $4{,}13 * 10^9$ km, z.B. für die Sonne mit einem Abstand von $149{,}5 * 10^6$ km, ist das Kriterium der Lichtgeschwindigkeit nicht brauchbar für die Zuordnung von „Ruhe" und Bewegung.

2.3.2 Das Kriterium der Einfachheit

Für Kopernikus und Kepler, die das Kriterium der Lichtgeschwindigkeit nicht kannten, waren es andere Kriterien, die sie zum heliozentrischen System führten.

Neben der durch die Lichtgeschwindigkeit gegebenen Grenze ist für die Zuordnung im All sicher entscheidend, welches Modell leichter zu handhaben ist.

Simon Singh [9, S.43] schreibt über das ptolemäische Modell:

> *Während es zwar grundsätzlich falsch war, erfüllte das ptolemäische System doch eine der wesentlichen Anforderungen an ein wissenschaftliches Modell, indem es die Position und die Bewegung jedes einzelnen Planeten mit bis dahin beispielloser Genauigkeit vorhersagte.*

Aber das ptolemäische Modell, bei dem sich die Sonne und die Planeten um die Erde drehen sollten, sei ein fürchterlich kompliziertes Modell voller Deferenzen, die überlagert waren von Epizyklen, Equanten und Exzentern.

Das heliozentrische System ist das unkompliziertere und deshalb wird der Sonne die „Ruhe" und der Erde die Bewegung zugeordnet.

Das gleiche Kriterium ließe sich auch auf das Bohrsche Atommodell anwenden, z.B. wenn es Atome mit vielen Elektronen betrifft, denn da ist es sicher einfacher und zweckmäßiger, einen „ruhenden" Atomkern und in Schalen darum kreisende Elektronen anzunehmen als umgekehrt.

2.3.3 Das Kriterium der Masse bzw. Trägheit

Ein weiterer Gesichtspunkt ist, es wird als natürlich empfunden, dass das Massereichere und deshalb Trägere der „Ruhe" zugeordnet wird und das Leichtere der Bewegung. Gäbe es nur das Wasserstoffatom mit einem Proton und einem Elektron, so wäre es mathematisch nicht komplizierter, das schwere Proton um das leichtere Elektron kreisen zu lassen, doch ich bin mir sicher, man hätte ein Modell bevorzugt, in welchem das Elektron um das Proton kreist.

Auch der Begriff des Fallens folgt diesem Kriterium. Fallen meint, dass die Erde „ruht" und sich der fallende Körper bewegt. Der Erde wird die „Ruhe" zugeordnet, weil alle auf ihrer Oberfläche anzutreffenden Körper leichter und viel weniger träge sind.

2.3.4 Das Kriterium der Anzahl

Auch der Umstand, dass es nur eine Erde gibt, aber viele Körper, die fallen können, trägt dazu bei, die Erde in diesem Zusammenhang als das „Ruhende" zu betrachten und dafür das Fallgesetz zu formulieren.

2.3.5 Das Kriterium des Beobachterortes

Bezüglich der Relativität der Zeit ist der Ort des Beobachters wichtig. In der Regel wird das System, in welchem sich der Beobachter befindet, als das „ruhende" System angesehen, von dem aus der Beobachter die zeitlichen Abläufe in dem sich bewegenden System beurteilt.

Wahrscheinlich finden sich noch mehr Kriterien. Was ich zum Ausdruck bringen wollte ist, dass es mehrere Gründe gibt, die im Alltag und in der Wissenschaft Anlass zur Zuordnung von „Ruhe" und Bewegung geben und damit die Gültigkeit der Aussage „Bewegung ist relativ" in der geschilderten Weise einschränken.

Zu dieser Erkenntnis bedurfte es keines großen Scharfsinns. Doch ich habe darüber in der Literatur wenig gefunden und deshalb die Gelegenheit genutzt, dies zu thematisieren.

2.4 Zum Additionstheorem der Geschwindigkeiten gemäß der klassischen Mechanik

Die Nichtanwendbarkeit des Additionstheorems der Geschwindigkeiten auf das Licht war für Einstein einer der Anlässe, sich über den Charakter der Zeit Gedanken zu machen.

Wir wollen auf dieses Theorem eingehen, weil die eingangs gestellten Fragen, ob die Lorentz-Transformation richtungsunabhängig ist und ob die Person im Wagen und das Licht hinsichtlich der Addition von Geschwindigkeiten analog behandelt werden können (vergleiche Abschnitt 2.1), mit dem Additionstheorem der Geschwindigkeiten gemäß der klassischen Mechanik zu tun haben.

Einstein befasst sich in [3, S.17] mit diesem Theorem. Er betrachtet seinen Standardfall und beschreibt die Situation, auf die das Theorem anwendbar ist:

> *Der schon oft betrachtete Eisenbahnwagen fahre mit der konstanten Geschwindigkeit v auf dem Geleise. Im Eisenbahnwagen durchschreite ein Mann den Wagen in dessen Längsrichtung, und zwar in Richtung der Fahrt mit der Geschwindigkeit w. Wie rasch bzw. mit welcher Geschwindigkeit W kommt der Mann relativ zum Bahndamm während des Gehens vorwärts?*

Die Geschwindigkeit der Person gegenüber dem Bahndamm W setzt sich dann gemäß dem Additionstheorem aus den beiden Geschwindigkeiten v und w zusammen:

$$W = v + w \tag{1}$$

Mir liegt daran, auch auf die andere, von Einstein nicht thematisierte Möglichkeit, zu verweisen, nämlich dass sich die Person und der Wagen einander entgegen gerichtet bewegen. Dann ergibt sich unter der Annahme, dass der Zug wahrscheinlich schneller ist als die Person:

$$W = v - w \tag{2}$$

Doch sollte der Zug sehr langsam fahren und die Person sich schneller als der Zug bewegen, dann folgt:

$$W = w - v \text{ [1]} \tag{3}$$

Diese in der klassischen Mechanik geltenden Gleichungen bezeichnet man als Galilei-Transformationen.

Bei der Betrachtung der Lorentz-Transformation komme ich auf die Variante der einander entgegen gerichteten Bewegung zurück.

2.5 Zur scheinbaren Unvereinbarkeit des Ausbreitungsgesetzes des Lichts mit dem Relativitätsprinzip.

Einstein fand heraus, dass die Gleichungen (1) bis (3) nur der Realität entsprechen, wenn die Geschwindigkeit v, mit der sich die beiden Koordinatensysteme relativ zueinander bewegen, sehr viel kleiner als die Lichtgeschwindigkeit ist.

Einstein schreibt [3, S.19]:

> *Natürlich müssen wir den Vorgang der Lichtausbreitung wie jeden anderen auf einen starren Bezugskörper (Koordinatensystem) beziehen. Als solchen wählen wir den Bahndamm.... .Längs des Bahndamms werde ein Lichtstrahl gesandt, dessen Scheitel sich nach dem vorigen mit der*

---

[1] Geschwindigkeiten sind vektorielle Größen mit besonderer Symbolik. Hier werden die Beträge der Vektoren benutzt, die der Länge der Vektorpfeile entsprechen und stets positiv sind. Bei der Summierung bzw. Subtraktion der Beträge müssen allerdings die Richtungen der Vektoren berücksichtigt werden.

Geschwindigkeit c relativ zum Bahndamm fortpflanzt. Auf dem Geleise fahre wieder unser Eisenbahnwagen mit der Geschwindigkeit v, und zwar in derselben Richtung, in der sich der Lichtstrahl fortpflanzt,... Wir fragen nach der Fortpflanzungsgeschwindigkeit relativ zum Wagen. Es ist leicht ersichtlich, daß hier die Betrachtung des vorigen Paragraphen Anwendung finden kann; denn der relativ zum Eisenbahnwagen laufende Mann spielt die Rolle des Lichtstrahls. Statt dessen Geschwindigkeit W gegen den Bahndamm tritt hier die Lichtgeschwindigkeit gegen diesen; w ist die gesuchte Geschwindigkeit gegen den Wagen, für welche also gilt:

$$w = c - v \qquad (4)$$

Die Fortpflanzungsgeschwindigkeit des Lichtstrahls relativ zum Wagen ergibt sich also als kleiner als c. Dieses Ergebnis verstößt aber gegen das im §5 dargestellte Relativitätsprinzip. Das Gesetz der Lichtausbreitung im Vakuum müßte nämlich nach dem Relativitätsprinzip wie jedes andere Naturgesetz für den Eisenbahnwagen als Bezugskörper gleich lauten wie für das Geleise als Bezugskörper. ...
Im Hinblick auf dieses Dilemma erscheint es unerläßlich, entweder das Relativitätsprinzip oder das einfache Gesetz der Fortpflanzung des Lichtes im Vakuum aufzugeben.... Hier setzte die Relativitätstheorie ein. Durch eine Analyse der physikalischen Begriffe von Zeit und Raum zeigte sich, daß in Wahrheit eine Unvereinbarkeit des Relativitätsprinzips mit dem Ausbreitungsgesetz des Lichts gar nicht vorhanden sei.

Wir haben diese Sätze so ausführlich zitiert, weil sie den Ausgangspunkt von Einsteins Überlegungen sehr anschaulich wiedergeben.

Doch wir fragen uns, ist es argumentativ sinnvoll, die Fortpflanzung des Lichtes mit der Bewegung der Person im Wagen gleichzusetzen, wie es Einstein macht? Wir haben oben schon den Unterschied in den Eigenschaften und im Verhalten eines Pingpong-Balles gegenüber dem des Lichts beschrieben. Den gleichen Unterschied müssen wir in Bezug auf das Verhalten der Person und des Lichtes beachten. Das Licht pflanzt sich im All mit unbeeinflussbarer Geschwindigkeit fort, während die Person im Wagen ursprünglich mitbeschleunigt wurde, weil sie mit dem Wagen fest verbunden ist und sich anders als das Licht im Wagen nur bewegen kann, weil sie Kontakt zum Boden des Wagens hat und sich an ihm abstößt. Meines Erachtens ist das w in Gl.(4) eine rein rechnerische bzw. fiktive Größe, deren Wert keine reale Eigenschaft der betrachteten Erscheinung ist.

Um deutlich zu machen, was ich meine, will ich anstelle des Lichtstrahls ein Flugzeug setzen. Nehmen wir an, dass ein Flugzeug konstruiert wurde, das nicht schneller als 500 km/h fliegen kann. Zwei Flugzeuge gleicher Bauart fliegen nun in entgegengesetzte Richtung. Nach dem Additionstheorem der Geschwindigkeiten fliegt das eine Flugzeug bezogen auf das zweite Flugzeug mit einer Geschwindigkeit von 1000 km/h. Die so berechnete Geschwindigkeit ist, wie das *w* in Gl. (4), eine rein fiktive Größe und hat mit der realen Geschwindigkeit, die durch Konstruktion und Treibstoff bestimmt ist, nichts zu tun.

2.6 Zur Relativität der Gleichzeitigkeit zweier Ereignisse

Die zentrale Größe der Betrachtungen von Einstein ist die Zeit t.

Einstein definiert t durch die Zeigerstellung einer Uhr:

Man denke sich nämlich in den Punkten A, B, C des Geleises (Koordinatensystems) Uhren von gleicher Beschaffenheit aufgestellt und derart gerichtet, daß deren Zeigerstellung gleichzeitig (im obigen Sinne) dieselben sind. Dann versteht man unter „Zeit" eines Ereignisses die Zeitangabe (Zeigerstellung) derjenigen Uhren, welche dem Ereignis (räumlich) unmittelbar benachbart sind. Auf diese Weise wird jedem Ereignis ein Zeitwert zugeordnet, der sich prinzipiell beobachten läßt.

Wir möchten darauf aufmerksam machen, dass t in zweierlei Weise gebraucht wird. Zum einen steht t für einen Zeitpunkt, zum anderen wird es zur Beschreibung einer Zeitdifferenz $t = t_2 - t_1$ benutzt. In den oben und nächst zitierten Sätzen steht t für einen Zeitpunkt, in den Lorentz-Transformationen steht t für eine Zeitspanne, also eine Zeitdifferenz.

Ein wichtiger Schritt im Erkenntnisprozess Einsteins bezüglich der Relativitätstheorie war die Feststellung, dass zwei Ereignisse, die in einem System K von einem sich in K aufhaltenden Beobachter als gleichzeitig festgestellt werden, von einem in K′ weilenden sehr schnell gegenüber K bewegten Beobachter als nicht gleichzeitig wahrgenommen werden.

Einstein schreibt dazu [3, S. 24]

Es fahre nun auf dem Geleise ein sehr langer Zug mit konstanter Geschwindigkeit v in der in Abb. 1 angegebenen Richtung. Menschen, die in dem Zuge fahren, werden mit Vorteil den Zug als starren Bezugskörper (Koordinatensystem) verwenden; sie beziehen alle Ereignisse auf den Zug.

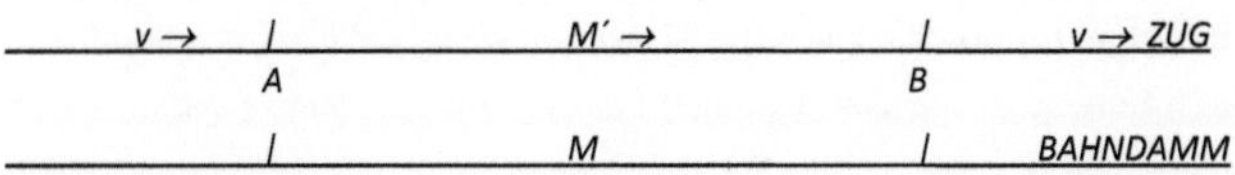

Abb. 1[2]

Jedes Ereignis, welches längs des Geleises stattfindet, findet dann auch an einem bestimmten Punkte des Zuges statt. Auch die Definition der Gleichzeitigkeit läßt sich in bezug auf den Zug in genau derselben Weise geben, wie in Bezug auf den Bahndamm. Es entsteht aber nun naturgemäß folgende Frage: Sind zwei Ereignisse (z.B. die beiden Blitzeinschläge A und B), welche in bezug auf den Bahndamm gleichzeitig sind, auch in bezug auf den Zug gleichzeitig? Wir werden sogleich zeigen, daß die Antwort verneinend lauten muß.

Wenn wir sagen, daß die Blitzschläge A und B in bezug auf den Bahndamm gleichzeitig sind, so bedeutet dies: die von den Blitzorten A und B ausgehenden Lichtstrahlen begegnen sich in dem Mittelpunkte M der Fahrbahnstrecke A---B. Den Ereignissen A und B entsprechen aber auch Stellen A und B auf dem Zuge. Es sei M′ der Mittelpunkt der Strecke A---B des fahrenden Zuges. Dieser Punkt M′ fällt zwar im Augenblick der Blitzeinschläge (vom Fahrdamm aus beurteilt!) mit dem Punkte M zusammen, bewegt sich aber in der Zeichnung mit der Geschwindigkeit v des Zuges nach rechts. Würde ein bei M′ im Zuge sitzender Beobachter diese Geschwindigkeit nicht besitzen, so würde er dauernd in M bleiben, und es würden ihn dann die von den Blitzeinschlägen A und B ausgehenden Lichtstrahlen gleichzeitig erreichen, d.h. diese beiden Strahlen würden sich gerade bei ihm begegnen. In Wahrheit aber eilt er

[2] Eigene Darstellung, Inhalt der Abb.1 aus [3, S.24] übernommen.

(vom Bahndamm aus beurteilt) dem von B herkommenden Lichtstrahl entgegen, während er dem von A kommenden Lichtstrahl vorauseilt. Der Beobachter wird also den von B ausgehenden Lichtstrahl früher sehen, als den von A ausgehenden. Die Beobachter, welche den Eisenbahnzug als Bezugskörper benutzen, müssen also zu dem Ergebnis kommen, der Blitzschlag B habe früher stattgefunden als der Blitzschlag A. Wir kommen also zu dem wichtigen Ergebnis:

Ereignisse, welche in bezug auf den Bahndamm gleichzeitig sind, sind in bezug auf den Zug nicht gleichzeitig und umgekehrt (Relativität der Gleichzeitigkeit). Jeder Bezugskörper (Koordinatensystem) hat eine besondere Zeit; eine Zeitangabe hat nur dann Sinn, wenn der Bezugskörper angegeben ist, auf den sich die Zeitangabe bezieht.

Die Gleichzeitigkeit der Blitzeinschläge lässt Einstein durch Beobachter in M bzw. M´ überprüfen.

Man könnte als Alternative daran denken, Beobachter bei A und B am Bahndamm bzw. im Zug zu postieren. Sie könnten den Zeitpunkt des Blitzeinschlags stoppen. Die Beobachter am Bahndamm würden t_A und t_B messen, die Beobachter im Zug t_A' und t_B'. Anschließend könnten sich die beiden Beobachter am Bahndamm und die beiden Beobachter im Zug treffen und anhand der Zeigerstellung der Stoppuhren prüfen, ob die Einschläge gleichzeitig waren. Warum Einstein nur je einen Beobachter bei M am Bahndamm und bei M´ im Zug wählte, ist wohl dadurch bedingt, dass er die Lichtgeschwindigkeit ins Spiel bringen wollte.

Eigentlich ist das unterschiedliche Eintreffen des Blitzlichtes bei dem bewegten Beobachter in M´ selbstverständlich, denn der Beobachter bei M´ hat mit dem Zug während das Licht von A und B auf ihn zuläuft, sich dem Punkt B genähert und von A entfernt. Das Licht hat demzufolge von A eine längere Strecke und von B eine kürzere Strecke zurückzulegen. Der Beobachter bei M´ wird nur dann aus dem unterschiedlichen Eintreffen den Schluss ziehen, dass die Blitzeinschläge nicht gleichzeitig erfolgten, wenn er nicht gemerkt hat, dass er sich in einem auf B zufahrenden Zug befindet. Eigentlich dürfte er sich gar kein Urteil über die Gleichzeitigkeit bilden, wenn er nicht weiß, welchen Weg das Licht von A und B bis zu ihm in M´ zurückgelegt hat. Auch der Beobachter in M am Bahndamm, der sich im gleichen Koordinatensystem wie A und B befindet, wird sich nur mit Kenntnis über die Koordinaten von M ein Urteil über die Gleichzeitigkeit machen können. Woher soll er wissen, dass er sich in der Mitte von A und B befindet.

Mir scheint der Gedankenversuch zum gleichen Problem in Einsteins Originalartikel beweiskräftiger.

In seinem Originalartikel von 1905 [10] schreibt Einstein erstmalig über das Problem der Definition von Zeit und Gleichzeitigkeit. Ich zitiere die relevanten Stellen:

Wir haben zu berücksichtigen, daß alle unsere Urteile, in welchen Zeit eine Rolle spielt, immer Urteile über gleichzeitige Ereignisse sind. …. Es könnte scheinen, daß alle die Definition der „Zeit" betreffenden Schwierigkeiten dadurch überwunden werden könnten, daß ich an Stelle der „Zeit" die „Stellung des kleinen Zeigers meiner Uhr" setze. … die Definition genügt aber nicht mehr, sobald es sich darum handelt, an verschiedenen Orten stattfindende Ereignisreihen miteinander zeitlich zu verknüpfen, oder - was auf dasselbe hinausläuft – Ereignisse zeitlich zu werten, welche in von der Uhr entfernten Orten stattfinden.

Um diese Aussage zu begründen, geht Einstein von zwei Ereignissen aus, die an zwei voneinander entfernten Orten A und B (vergleichbar denen in Abb. 1) stattfinden. Einstein ordnet A und B den Enden eines Stabes zu. In [3] waren es die Orte am Bahndamm. Er schreibt in [10, S.20]:

Es ist aber ohne weitere Festsetzung nicht möglich, ein Ereignis in A mit einem Ereignis in B zeitlich zu vergleichen; wir haben bisher nur eine „A-Zeit" und eine „B-Zeit", aber keine für A und B gemeinsame „Zeit" definiert. Die letztere Zeit kann nur definiert werden, indem man durch Definition festsetzt, daß die „Zeit", welche das Licht braucht, um von A nach B zu gelangen, gleich ist der „Zeit", welche es braucht, um von B nach A zu gelangen. Es gehe nämlich ein Lichtstrahl zur „A-Zeit" t_A *von A nach B ab, werde zur „B-Zeit"* t_B *in B gegen A reflektiert und gelange zur „A-Zeit"* t_A' *nach A zurück- Die beiden Uhren laufen definitionsgemäß synchron, wenn*

$$t_B - t_A = t_A' - t_B \qquad (5)$$

Wir haben so unter Zuhilfenahme gewisser (gedachter) physikalischer Erfahrungen festgelegt, was unter synchron laufenden, an verschiedenen Orten befindlichen, ruhenden Uhren zu verstehen ist und damit offenbar eine Definition von „gleichzeitig" und „Zeit" gewonnen.....

Wir setzen noch der Erfahrung gemäß fest, daß die Größe

$$2\,AB\,/\,(t_A' - t_A) = V \qquad (6)$$ [3]

eine universelle Konstante (die Lichtgeschwindigkeit im leeren Raum) sei. Wesentlich ist, daß wir die Zeit mittels im ruhenden System ruhender Uhren definiert haben; wir nennen die eben definierte Zeit wegen dieser Zugehörigkeit zum ruhenden System „die Zeit des ruhenden Systems".

Einstein koppelt auf diese Weise den Zeitbegriff an die Lichtgeschwindigkeit. Einstein schreibt in seinem Artikel weiter:

Wir denken uns ferner an den beiden Stabenden (A und B) Uhren angebracht, welche mit den Uhren des ruhenden Systems synchron sind, d.h. deren Angaben jeweilen der „Zeit des ruhenden Systems" an den Orten, an welchen sie sich gerade befinden, entsprechen; diese Uhren sind also „synchron im ruhenden System". Wir denken uns ferner, daß sich bei jeder Uhr ein mit ihr bewegter Beobachter befinde, und daß diese Beobachter auf die beiden Uhren das im §1 aufgestellte Kriterium für den synchronen Gang zweier Uhren anwenden. Zur Zeit t_A *gehe ein Lichtstrahl von A aus, werde zur Zeit* t_B *in B reflektiert und gelange zur Zeit* t_A' *nach A zurück. Unter Berücksichtigung des Prinzips von der Konstanz der Lichtgeschwindigkeit finden wir:*

$$t_B - t_A = r_{AB} / (V - v) \qquad (7)$$

und

$$t_A' - t_B = r_{AB} / (V + v), \qquad (8)$$ [4]

wobei r_{AB} *die Länge des bewegten Stabes – im ruhenden System gemessen – bedeutet. Mit dem bewegten Stabe bewegte Beobachter würden also die beiden Uhren nicht synchron gehend finden, während im ruhenden System befindliche Beobachter die Uhren als synchron laufend erklären würden.*

---

[3] Gegenüber dem Original etwas geänderte Schreibweise. Einstein benutzt hier noch nicht c als Symbol für die Lichtgeschwindigkeit. Die Nummern für die Gleichungen haben wir zugefügt.

[4] V ist hier die Lichtgeschwindigkeit und v die Geschwindigkeit, mit der sich der Stab in Richtung des Lichtstrahls bewegt.

Wir sehen also, daß wir dem Begriffe der Gleichzeitigkeit keine absolute Bedeutung beimessen dürfen, sondern daß zwei Ereignisse, welche, von einem Koordinatensystem aus betrachtet, gleichzeitig sind, von einem relativ zu diesem System bewegten System aus betrachtet, nicht mehr als gleichzeitige Ereignisse aufzufassen sind.

Wir haben zu beachten, dass die Beobachter in A und B nur die Zeiten auf ihren Uhren wahrnehmen und deswegen die Rechnungen mit den Gln. (7) und (8) nicht anstellen. Diese Rechnungen werden nur im Gedankenversuch des Denkers möglich, weil er die Größen der rechten Seite der Gleichungen kennt. Wenn die Beobachter die Rechnungen ausführen könnten, wären sie nicht verwundert, dass die Zeitdifferenzen in (7) und (8) unterschiedlich ausfallen. Sie würden nicht zu dem Schluss kommen, dass ihre Uhren nicht synchron laufen.

Interessant ist, dass bei Division von $t_B - t_A$ durch r_{AB} die Gl. (7) in die Gl. (4) überführbar ist. Die uns störende Gleichsetzung der Lichtbewegung mit der Art, wie sich eine Person im Wagen bewegt, gibt es im hier beschriebenen Gedankenversuch nicht, so dass der Verstoß gegen das Relativitätsprinzip in Gl.(4) hier überzeugender dargestellt ist.

Ein Problem sehe ich: Zeitdifferenzen zwischen Signalen und deren Wahrnehmung sind meines Erachtens von größerer Relevanz für die Beurteilung von Vorgängen. Ist die Zeitdifferenz zwischen zwei Ereignissen, z.B. zwischen zwei Blitzen, für einen ruhenden Beobachter und für einen im Zug fahrenden Beobachter gleich oder ungleich?

Wir wollen das Problem mit konkreten Zahlen angehen. Solange man nur mit Größengleichungen rechnet, braucht man die konkreten Werte der Größen nicht. Das ist ihr Vorteil.

Aber Aussagen wirken aufschlussreicher und überzeugender, wenn man sie mit angenommenen günstigen Zahlen unterlegen kann.

Angenommen wird:

$$r_{AB} = 600000 \text{ km}$$

$$c = 300000 \text{ km/s}$$

$$v = 200000 \text{ km/s}$$

B sendet zum Zeitpunkt $t_B = 0$ s einen Lichtstrahl in Richtung A. A bewegt sich mit v in Richtung B.

Die Ankunft des Lichtstrahls in A berechnet sich nach

$$t_A = t_B + r_{AB} / (v + c)$$

$$t_{A,1} = 0 \text{ s} + 600000 \text{ km} / (200000 \text{ km/s} + 300000 \text{ km/s}) = 1{,}2 \text{ s}$$

Jetzt sendet B den nächsten Lichtstrahl nach 1 s ab.

$$t_{A,2} = 1 \text{ s} + 600000 \text{ km} / (200000 \text{ km/s} + 300000 \text{ km/s}) = 2{,}2 \text{ s}$$

Der nach 1 s abgesandte Lichtstrahl kommt nach 2,2 s an. Die Zeitdifferenz bleibt also die gleiche, nämlich 1 s. Auch wenn der Beobachter in A und der Signalgeber in B sich nicht bewegen würden, würde der Beobachter in A die Zeitdifferenz von 1 s wahrnehmen.

2.7 Zur Lorentz-Transformation

Ausgehend von der scheinbaren Unvereinbarkeit des Relativitätsprinzips mit der konstanten Geschwindigkeit des Lichtes und von Betrachtungen über die Gleichzeitigkeit relativ zueinander bewegter Systeme kam Einstein zu dem Schluss, dass ein Beobachter in K die Zeit t in seinem System K, das als „ruhend" angesehen wird, anders wahrnimmt als die Zeit t′ in dem System K′, dass sich relativ zu ihm mit der Geschwindigkeit v bewegt. Der gleiche Schluss folgt aus den Untersuchungen von Maxwell, Lorentz und anderen Physikern zu elektromagnetischen Vorgängen. Daraus ergab sich das Bedürfnis bzw. die Notwendigkeit, die Koordinaten des „ruhenden Systems" in die Koordinaten des „bewegten Systems" umrechnen zu können.

Die Gleichungen, die dies leisten, nennt man Lorentz-Transformationen. Der Einfachheit halber wird angenommen, dass die Bewegung von K′ nur längs der x-Achse von K erfolgt, also y′ = y und z′= z bleiben. Uns interessieren besonders die Gleichungen für die Umrechnung von x in x′ und von t in die Zeit t′:

$$x' = \frac{(c-v)\,t}{(1 - v^2/c^2)^{1/2}} \qquad (9)$$

oder

$$x' = \frac{x - v\,t}{(1 - v^2/c^2)^{1/2}} \qquad (10)$$

$$t' = \frac{(1 - v/c)\,t}{(1 - v^2/c^2)^{1/2}} \qquad (11)$$

oder

$$t' = \frac{t - v\,x/c^2}{(1 - v^2/c^2)^{1/2}} \qquad (12)$$

Die Symbole t und t′ stehen hier für Zeitdifferenzen. Das geht daraus hervor, dass c gleich x/t ist. [5]

Auch sollte genauer angegeben werden, was man mit v meint. Ist v eine richtungsunabhängige Relativgeschwindigkeit von K und K′, oder bezieht sich v nur auf den Fall gleicher Richtung von K′ und Lichtstrahl gegenüber K. Aus der Ableitung der Lorentz-Transformation im Anhang von [3, S.92] gewinnt man den Eindruck, dass v eine richtungsunabhängige Größe ist.

Dort schreibt Einstein:

> *Den gleichen Wert v erhält man......, wenn man die Geschwindigkeit eines anderen Punktes von K′ relativ zu K oder die (nach der negativen X-Achse gerichtete) Geschwindigkeit eines Punktes von K gegenüber K′ berechnet. Man kann also v kurz als die Relativgeschwindigkeit beider Systeme bezeichnen.*

Dafür, dass es gleichgültig ist, ob sich K′ dem K nähert oder sich von ihm entfernt, dass es also nur auf die Relativgeschwindigkeit ankommt, spricht, dass in die Ableitung der Lorentz-Transformation zwei Bewegungsvarianten eingehen, nämlich dass sich der Lichtstrahl längs der positiven bzw. längs der negativen Richtung der X-Achse fortpflanzt.

Die entscheidenden Passagen für den Ansatz der Ableitung lauten [3, S.92]:

---

[5] c ist wie jede Geschwindigkeit gleich dem Quotienten aus dem zurückgelegten Weg $(x_2 - x_1)$ und der dafür benötigten Zeit $(t_2 - t_1)$. Mein Wunsch wäre, dass ein Autor immer angibt, was t und t′ in den Gleichungen, die er verwendet, bedeuten.

Ein Lichtsignal, welches längs der positiven X-Achse vorschreitet, pflanzt sich nach der Gleichung

$$x = c\,t$$

oder $$x - c\,t = 0 \qquad (1)$$

fort. Da dasselbe Lichtsignal sich auch relativ zu K´ mit der Geschwindigkeit c fortpflanzen soll, so wird die Fortpflanzung relativ zu K´ durch die analoge Formel

$$x' - c\,t' = 0 \qquad (2)$$

beschrieben. Diejenigen Raum-Zeit-Punkte (Ereignisse), welche (1) erfüllen, müssen auch (2) erfüllen. Dies wird offenbar der Fall sein, wenn allgemein die Beziehung

$$(x' - c\,t') = \lambda\,(x - c\,t) \qquad (3)$$

erfüllt ist, wobei λ eine Konstante bedeutet; denn gemäß (3) bedingt das Verschwinden von x - c t das Verschwinden von x´ - c t´).

Eine ganz analoge Betrachtung, angewandt auf längs der negativen X-Achse sich fortpflanzende Lichtstrahlen, liefert die Bedingung:

$$(x' + c\,t') = \gamma\,(x + c\,t)$$

Die beiden Varianten, die hier benutzt werden, unterscheiden sich in der Richtung des Lichtes. Das spricht dafür, dass das Ergebnis der Betrachtung, also die Gleichungen der Lorentz-Transformation, gleich gerichtete und entgegen gerichtete Bewegungen berücksichtigen.

Einen anderen Eindruck gewinnt man aus dem Vergleich der Galilei-Transformation mit der Lorentz-Transformation.

Einstein stellt nämlich fest [3, S.30]:

Die Galilei-Transformation geht aus der Lorentz-Transformation dadurch hervor, daß man in letzterer die Lichtgeschwindigkeit c gleich einem unendlichen Wert setzt.

Realer ist wohl, wenn man v^2 sehr viel kleiner als c^2 annimmt.

Auf Seite 9 habe ich abgeleitet, dass die Gleichungen der Galilei-Transformation die wechselseitigen Richtungen von K und K´ berücksichtigen müssen. In dem von Einstein angeführtem Beispiel bewegen sich der fahrende Eisenbahnwagen (mit v gegenüber dem Bahndamm)) und die in ihm laufende Person (mit w gegenüber dem Wagen) in der gleichen Richtung. Dadurch ergibt sich die Geschwindigkeit der Person gegenüber dem Bahndamm W entsprechend der Galilei- Transformation nach Gl.(1):

$$W = v + w$$

Wenn sich die Person im Wagen entgegen der Richtung des Wagens bewegt, gilt nach Gl. (2)

$$W = v - w$$

Wir wollen den Übergang von der Lorentz-Transformation Gl. (9) in die Galilei-Transformation nachvollziehen und so prüfen, ob es bei v (entsprechend der Ableitung der Lorentz-Transformation) um eine bloße Relativgeschwindigkeit geht oder ob die Richtung von v gegenüber c, wie es in der Galilei-Transformation Gl. (1) und Gl. (2) für v und w erforderlich ist, auch in der Lorentz-Transformation berücksichtigt werden müsste.

Zunächst müssen wir die Gleichung (9) mit den Gln. (1) und (2) kompatibel machen. Wenn wir in Gl.(9) die Zeit t (bezogen auf das „ruhende“ Koordinatensystem K, z.B. den Bahndamm, in dem wir den Sitz des Beobachters annehmen) auf die linke Seite bringen, steht links x′/t.

$$\frac{x'}{t} = \frac{(c - v)}{(1 - v^2/c^2)^{1/2}} \qquad (13)$$

Der Quotient x′/t entspricht der Geschwindigkeit w in Gl.(1), mit der sich etwas (z.B. eine Person) im System K′ (z. B. dem Wagen) bewegt:

$$w = \frac{(c - v)}{(1 - v^2/c^2)^{1/2}} \qquad (14)$$

Mit der Geschwindigkeit v bewegt sich das System K′ (z.B. der Wagen) gegenüber dem „ruhenden“ System K (dem Bahndamm). In Gl. (14) fehlt die Geschwindigkeit W aus Gl.(1). Dafür gibt es in Gl.(14) die Lichtgeschwindigkeit c. Um eine Überführung der Lorentz-Transformation Gl. (14) in die Galilei-Transformation Gl.(1) realisieren zu können, liegt es nahe, c in Gl.(14) durch W zu ersetzen:

$$w = \frac{(W - v)}{(1 - v^2/c^2)^{1/2}} \qquad (15)$$

Die Lichtgeschwindigkeit ersetzt also die Geschwindigkeit der Person gegenüber dem System K (gegenüber dem Bahndamm). Dass ich dies für problematisch halte, weil sich das Licht im All unbeeinflussbar aus sich selbst heraus bewegt, während die Person im Wagen sich nur durch Kontakt zum Boden des Wagens bewegen kann, habe ich in Abschnitt 2.5 ausgeführt. Aber Einstein hält dies für legitim, wie seine Bemerkung in [3, S.19] ausweist.

Setzen wir nun noch v^2 sehr viel kleiner als c^2, so wird der Nenner in Gl.(15) gleich 1, und es ergibt sich:

$$w = W - v$$

bzw. umgestellt:

$$W = w + v$$

Das ist die Gleichung (1), also die Gleichung für den Fall, dass die Person (Licht) und der Wagen sich in gleicher Richtung bewegen.

Folgt daraus, dass für den Fall, dass sich Licht und das Koordinatensystem K′ einander entgegen bewegen, im Zähler der Lorentz-Transformation c + v stehen müsste? Denn nur dann ist die Lorentz-Transformation in die Galilei-Transformation für entgegen gerichtete Bewegung w = W + v Gl. (3) überführbar. Dann müsste die der Gl.(11) entsprechende Gleichung lauten:

$$t' = \frac{(1 + v/c)\,t}{(1 - v^2/c^2)^{1/2}} \qquad (16)$$

2.8 Zeitdilatation und Zeitverkürzung

Aus Gl. (11) geht hervor, dass t′ immer kleiner ist als t.

Man hat dies nach Einsteins Darlegungen so zu interpretieren:

Wenn man als Beobachter in seinem eigenen System K sitzt und dies als das ruhende betrachtet, misst man die Zeit t. Wenn man aus diesem System heraus ein zu ihm relativ bewegtes System K′ beobachtet, nimmt man die Zeit t′ wahr, welche einen kleineren Wert als t hat.

Man spricht von einer Zeitdilatation, also einer Zeitstreckung.

Um eine Vorstellung zu gewinnen, wie sich die Zeitdilatation auswirkt, soll mit Gl.(11) und angenommenen Werten der Unterschied zwischen t´ und t berechnet werden.

Angenommen wird:

$$v = 200000 \text{ km/s}$$

$$c = 300000 \text{ km/s}$$

$$t = 1 \text{ s}$$

Gl.(11) lautet:

$$t' = \frac{(1 - v/c)\, t}{(1 - v^2/c^2)^{1/2}} \qquad (11)$$

Einsetzen der Werte ergibt:

$$t' = 0{,}45\, t$$

Während im System K 1 Sekunde vergangen ist, hat man von K aus gesehen die Wahrnehmung, dass im System K´ nur 0,447 Sekunden verstrichen sind.

Dass diese Relation immer besteht, gleichgültig, ob das bewegte System K´ sich vom Beobachter in K entfernt oder sich ihm nähert, erscheint verwunderlich.

Also fragt man sich, ob es auch zu einer Zeitdilatation kommt, wenn das als bewegend angenommene Koordinatensystem K´ sich mit der Geschwindigkeit v dem Beobachter im als ruhend angenommenen Koordinatensystem K nähert und sich nicht wie stets in Einsteins Person-Wagen-Bahndamm-Beispiel von ihm entfernt. Liegt es nicht nahe anzunehmen, dass es bei einer Annäherung der Systeme zu einer Zeitverkürzung kommt?

Mit Gl. (16) und den gleichen angenommenen Werten wie oben berechnet man:

$$t' = 2{,}24\, t$$

Es ergibt sich also wie erwartet eine Zeitverkürzung.

Bei einem Hin und Her oder bei einer Umrundung von K´ , z.B. um die Erde, würden sich dann Dilatation und Verkürzung kompensieren und t wäre identisch mit t´.

2.9 Zu Konsequenzen aus der Relativität der Zeit: Wahres Alter oder wahrgenommenes Alter?

Bezüglich der Zeitdilatation ergibt sich für mich die entscheidende Frage:

Bedeutet dies, dass eine bewegte Uhr anders tickt als die ruhende Uhr oder muss man dem Ticken nur ein anderes Zeitmaß zuschreiben.

Ich wünschte mir, dass dieser Unterschied in der Literatur klarer benannt und in der einen oder anderen Richtung beantwortet wird.

Einstein stellt fest [3, S. 33] :

Die Uhr geht infolge ihrer Bewegung langsamer als im Zustand der Ruhe.

Das könnte man so interpretieren, die Mechanik der Uhr wird durch die Bewegung beeinflusst und tickt wirklich im Zustand der Bewegung anders als im Zustand der Ruhe. An anderen Stellen betont Einstein immer, dass die Zeit nur anders gesehen wird, wenn das bewegte System vom ruhenden System aus beobachtet wird, was mehr dafür spricht, dass die Uhr nicht anders tickt, sondern der Zeitraum zwischen zwei Ticken nur anders beurteilt wird.

Wenn man z.B. im Alten Testament liest, heißt es im 1.Buch Mose Kapitel 11:

> *Dies sind die Geschlechter Sems: Sem war hundert Jahre alt, und zeugte Arphachsad, zwei Jahre nach der Sündfluth. Und lebte darnach fünf hundert Jahre, und zeugete Söhne und Töchter.*

und so geht es in der Geschlechterfolge weiter. Viele lebten über hundert Jahre. Das reale Alter der genannten Personen wird sich von dem heutigen nicht unterschieden haben, man hat einfach ein anderes Zeitmaß angesetzt, aus welchem Grund auch immer.

Also frage ich hinsichtlich der Relativität der Zeit:

Muss man nicht zwischen einem realen Zustand und einem wahrgenommenen Zustand unterscheiden, so wie es bei der Parallaxe oder der gravitativ bedingten Lichtablenkung der Fall ist. Bei der Beobachtung eines nicht zu weit entfernten Gegenstandes mit dem rechten oder mit dem linken Auge nimmt man eine Verrückung gegen den Hintergrund wahr, obwohl der Gegenstand an Ort und Stelle geblieben ist. Auch bei der von Einstein vorhergesagten und von Eddington nachgewiesenen, durch die Gravitation der Sonne bedingten anscheinenden Ortänderung von Sternen bleiben diese doch am gleichen Ort im Fixsternhimmel.

Das gleiche Problem habe ich mit der Feststellung, dass ein sich mit sehr großer Geschwindigkeit bewegender Mensch wegen der Zeit-Dilatation weniger altert. Zum sogenannten Zwillingsproblem äußern sich Stephen Hawking und Leonard Mlodinow [7, S.59][6]:

> *Auch unsere biologischen Uhren sind diesen Veränderungen des Zeitflusses unterworfen. Stellen Sie sich ein Zwillingspaar vor. Der eine Zwilling lebt auf einem Berggipfel, der andere in Meereshöhe. Der erste würde rascher altern als der zweite. Wenn sie sich wieder träfen, wäre der eine älter als der andere. In diesem Falle wäre der Altersunterschied sehr gering, aber er könnte sehr viel größer sein, wenn einer der Zwillinge eine lange Reise in einem Raumschiff unternähme, das sich beinahe mit Lichtgeschwindigkeit fortbewegte. Bei seiner Rückkehr wäre er sehr viel jünger als der auf der Erde gebliebene Zwillingsbruder, Dieser Effekt wird als Zwillingsparadoxon bezeichnet, doch er ist nur paradox, wenn man noch die Vorstellung von der absoluten Zeit im Hinterkopf hat. Eine einzige, absolute Zeit gibt es in der Relativitätstheorie nicht. Nach ihr hat jedes Individuum sein eigenes Zeitmaß, das davon abhängt, wo es sich befindet und wie es sich bewegt.*

Wenn ich dies lese, bewegt mich folgende Frage:

Einstein unterscheidet immer zwischen dem Beobachten der Vorgänge im eigenem System K, das als das „ruhende“ System angesehen wird und dem Beobachten des bewegten Systems K′ von K aus. Er würde also formulieren: Von K aus betrachtet hat der sich bewegende Zwillingsbruder ein anderes Alter.

Handelt es sich beim Alter einer Person bezüglich der Relativitätstheorie wirklich um das reale biologische Alter oder um ein vom Beobachter wahrgenommenes formales Alter. Diese Unterscheidung zwischen wahrgenommenen und realen Eigenschaften sollte man meines Erachtens konsequenter auseinanderhalten. Hawking be-

[6] Zwar hier im Zusammenhang mit dem Einfluss der Gravitation auf die Zeit, doch das Zwillingsproblem wird auch bezüglich eines schnell bewegten Menschen so gedeutet.

schreibt das Problem so, als ob es um das reale biologische Alter ginge. Das stelle ich in Frage. Was ich meine, soll an einem Beispiel verdeutlicht werden:

Wenn drei Menschen da sind: A, B und C. Der Beobachter A befindet sich im als „ruhend" angenommenen Koordinatensystem K, und B und C befinden sich gemeinsam im bezüglich K mit hoher Geschwindigkeit sich fortbewegenden Koordinatensystem K´. Nun geht es um das Alter von C. Hat er nun real im gleichen Körper zwei verschiedene Alterungsprozesse durchlaufen, einen langsameren bezüglich A und einen davon unterschiedenen, nicht dilatierten bezüglich B. Das kann doch wohl nicht sein. Einer Person kann man je nach Beobachter formal verschiedene Alter zuschreiben, aber sein Erscheinungsbild wird doch davon nicht beeinflusst. Sonst gäbe es die paradoxe Situation, dass die gleiche Erscheinung, der gleiche Prozess verschiedene Realitäten besitzt.

Das Gleiche gilt für andere Erscheinungen, Ereignisse bzw. Vorgänge. Wenn viele Beobachter in sich unterschiedlich schnell bewegenden K´-Systemen Erscheinungen in A beobachten, werden sie alle unterschiedliche Zeitabläufe wahrnehmen. Es kann aber nur einen realen Vorgang geben. Zum Beispiel hängt der Rhythmus, mit dem eine Uhr schlägt, von ihrer Mechanik ab. Soll die Mechanik, ganz gleich wie sie funktioniert, in Abhängigkeit von der Geschwindigkeit, mit der sie bewegt wird, in einem anderen Rhythmus gehen? Der biologische Zeitverlauf wird durch chemische Reaktionen bestimmt. Der zeitliche Verlauf einer chemischen Reaktion hängt davon ab, wie häufig sich die reagierenden Teilchen treffen, welche sterischen Einschränkungen es für den Reaktionsakt gibt und wie hoch die Aktivierungsenergie ist. Soll dies alles zeitlich gleichermaßen beeinflussbar sein? Ich meine, jeder bewegte Beobachter kann die Zeitabläufe anders beurteilen als der hantierende Experimentator vor Ort, doch nur dessen Beobachtungen sollte man den Begriff Realität zubilligen.

2.9 Zum Einfluss der Gravitation auf die Zeit

Ähnlich sehe ich den Einfluss der Gravitation auf die Zeit, der in seiner Konsequenz dem Einfluss der Geschwindigkeit auf die Zeit gleicht.

In [7, S.58] schreiben Hawking und Mlodinow:

> *.... geht aus der allgemeinen Relativitätstheorie hervor, dass die Zeit für Beobachter in verschiedenen Höhen in einem Gravitationsfeld verschieden verstreicht. Nach der allgemeinen Relativitätstheorie hat der Bodenbeobachter weniger als eine Sekunde zwischen den Signalen gemessen, weil die Zeit nahe der Erdoberfläche langsamer verstreicht."*
>
> *Diese Vorhersage wurde 1962 überprüft, indem man zwei sehr präzise Uhren oben und unten an einem Wasserturm anbrachte. Man stellte fest, dass die Uhr am Fuße des Turms in genauer Übereinstimmung mit der Relativitätstheorie langsamer ging.*

Was heißt, sie ging langsamer? War es ein reales Langsamergehen, oder hatte man von oben aus gesehen nur den Eindruck, sie ginge langsamer. Hawking meint offenbar ein reales, die ganze Mechanik einbeziehendes Langsamergehen. Doch wie misst man dies? Das ist doch wohl nur möglich mit einem anderen Messgerät, z.B. indem man auf einem Papierstreifen die Zeitsignale aufzeichnet. Doch der Gang des Gerätes, welches den Papierstreifen laufen lässt, wie auch jedes andere Messgerät unterliegt doch wohl dem gleichen Gravitationseinfluss. Kann es deshalb überhaupt eine andere Zeit messen, oder will man behaupten, nur die Mechanik der

Uhr ist beeinflussbar und nicht der Gang des anderen Zeitmessers? Auch gibt es sehr viel verschieden konstruierte Uhren. Sollen sie alle in gleicher Weise langsamer ticken? Mir scheint es wieder so, dass die Antwort lauten muss: Sie ticken oben und unten am Turm in gleicher Weise, man nimmt nur von oben für die Uhr am Boden ein längeres Zeitmaß wahr.

Eine Frage, die auch den Einfluss der Gravitation auf die Zeit betrifft, ist folgende:

Das Äquivalenzprinzip der allgemeinen Relativitätstheorie besagt, dass die träge Masse gleich der schweren Masse ist. Schwerkraft infolge der Gravitation ist äquivalent zur Trägheit gegenüber der Beschleunigung. Ein um die Erde kreisender Satellit erfährt nun dauernd eine Beschleunigung in Richtung des Erdmittelpunkts, sonst würde er sich infolge der Zentrifugalkraft gradlinig von der Erde wegbewegen. Wird die Zeit durch die dauernde Beschleunigung stetig verkürzt, bis die Zeit zu Null geworden ist?

Möglicherweise beantwortet die allgemeine Relativitätstheorie diese Frage.

3. Zusammenfassung der wichtigsten Ergebnisse des Nachdenkens über Relativität

- Dass die Lichtgeschwindigkeit konstant und unabhängig von jedem Koordinatensystem ist, erscheint plausibel, erstens angesichts der Tatsache, dass das Licht vom Emittenten nicht mitbeschleunigt werden kann, weil die elektromagnetischen Strahlen keine Masse haben, und zweitens, weil seine Bewegung im All (im Vakuum) aus sich selbst heraus geschieht und kein physikalischer Kontakt zu einem dem Koordinatensystem zuzuordnenden Medium besteht.

  Durch beide Eigenschaften unterscheidet sich das Licht von Gegenständen, die Masse haben und sich durch Kontakt mit dem Boden vorwärts bewegen. Deshalb ist w (die scheinbare Lichtgeschwindigkeit gegenüber dem Wagen) in Gl.(4) $w = c - v$ nur eine reine Rechengröße ohne reale Bedeutung und kann kleiner als c sein.
- Wenn sich eine Person mit v_1 im Koordinatensystem K′ (Eisenbahnwagen) und K′ (Eisenbahnwagen) gegenüber dem Koordinatensystem K (Bahndamm) mit v_2 einander entgegen gerichtet bewegen, beträgt die Geschwindigkeit v_3 der Person gegenüber dem Bahndamm (bei $v_2 > v_1$) $v_3 = v_2 - v_1$.

  Die Bewegung des Lichtes kann die Bewegung der Person in dieser Gleichung nicht ersetzen, weil sich Licht und Person grundsätzlich unterschiedlich bewegen.
- Die Lorentz-Transformation soll in die Galilei-Transformation übergehen, wenn die Relativgeschwindigkeit v von K gegenüber K′ sehr viel geringer ist als die Lichtgeschwindigkeit. Aber es gibt zwei verschiedene Gleichungen der Galilei-Transformation und nur eine entsprechende der Lorentz-Transformation. Die Frage ist, ob auch in der Lorentz-Transformation berücksichtigt werden muss, ob sich K und K′ gleichgerichtet oder einander entgegengerichtet bewegen.

- Ich „glaube" im Gegensatz zur üblichen Darstellung, dass nicht jeder bewegte Gegenstand seine eigene Zeit hat, sondern dass ein Beobachter in K, je nachdem wie schnell sich K′ gegenüber K bewegt, nur eine andere Zeit wahrnimmt als ein Beobachter, der sich in K′ mitbewegt.
- Ich „glaube" nicht, dass die Relativgeschwindigkeit oder die Gravitation die Mechanik einer Uhr, die Geschwindigkeit ganz unterschiedlicher mechanischer Maschinen, chemischer und biologischer Prozesse in gleicher Weise beeinflusst, dass also die Zeitdilatation bei all diesen Systemen gleich ist. Das sogenannten Zwillingsproblem interpretieren wir so, dass der ruhende Zwilling in K die Zeit des anderen Zwillings in K′ anders wahrnimmt, dass aber das biologisch bestimmte Erscheinungsbild, das reale Alter der beiden Zwillinge nicht beeinflusst werden kann.

4. Schwarze Löcher und der Ereignishorizont

Was Schwarze Löcher sind, setze ich als bekannt voraus. Man unterscheidet verschiedene Arten Schwarzer Löcher. Ein wichtiger Unterschied ist, ob sie rotieren oder nicht rotieren. Warum sie keine Materie und keine Strahlung nach außen dringen lassen, hat Karl Schwarzschild für nicht rotierende Schwarze Löcher aus den Feldgleichungen Einsteins heraus begründet und dabei eine Gleichung abgeleitet, die die Grenze markiert, innerhalb der die Eigenschaften des Schwarzen Loches zur Wirkung kommen. Diese Grenze wird Ereignishorizont bzw. Schwarzschild-Radius genannt. Die Gleichung für den Ereignishorizont r nicht rotierender Schwarzer Löcher lautet nach Schwarzschild in erster Näherung

$$r = 2\,G\,M / c^2 \qquad (17)$$

G ist die Gravitationskonstante, M die Masse des Schwarzen Loches, c die Lichtgeschwindigkei.t

4.1 Eine einfache Ableitung der Gleichung für den Ereignishorizont

Ich bin von einem Astrophysiker darauf hingewiesen worden, dass elektromagnetische Strahlung ein Schwarzes Loch nicht verlassen kann, weil alle Strahlung durch die starke Gravitation des Schwarzen Loches unendlich weit ins Rote verschoben wird.

Einstein vermutete 1916 [1, S.104], dass der Satz gilt:

> *Ein Atom absorbiert bzw. emittiert eine Frequenz, welche vom Potential des Gravitationsfeldes abhängt, in welchem es sich befindet.*

Einstein hat eine einfache Gleichung zur gravitationsbedingten Rotverschiebung angegeben. Sie lautet:

$$(\nu - \nu_0)/\,\nu_0 = -\,K\,M / (c^2\,r) \qquad (18)$$

M: Masse des Himmelskörpers, r: Radius des Himmelskörpers, K: Gravitationskonstante

Die Herleitung der Gl. (18) ist angegeben und beruht auf der Zentrifugalkraft und Frequenzänderung einer rotierenden Uhr sowie der Übertragung des Ergebnisses auf die Strahlung emittierender Atome:

Um zu überprüfen, wie die Rotverschiebung durch Schwarze Löcher wirkt, bin ich von Gl. (18) ausgegangen und habe angenommen, dass für den Fall einer Verschiebung ins unendlich Rote die Wellenlänge unendlich groß und die Frequenz unendlich klein, also im Grenzfall $\nu = 0$ sein sollte. Wenn ich in Gl.(18) $\nu = 0$ setze, kürzt sich auf der linken Seite ν_0 und es bleibt 1. Die Umstellung nach dem Radius des Schwarzen Loches ergibt:

$$1 = K M / (c^2 r). \quad (19)$$

Diese Gleichung ähnelt der von Schwarzschild angegebenen bis auf den Faktor 2, der in Gl.(19) fehlt. Es ist frappierend, dass man zu einer Gleichung für den Ereignishorizont kommt, ohne den mühseligen Weg über die Einsteinschen Feldgleichungen gehen zu müssen. Warum der Faktor 2 in Gl. (19) fehlt, kann ich nicht beurteilen. Es könnte daran liegen, dass sich die Ausgangsgleichungen unserer Ableitung auf rotierende Körper beziehen, denn für rotierende Schwarze Löcher wurde aus den Feldgleichungen ein mit Gl.(19) übereinstimmender Ereignishorizont berechnet.

4.2 „Unvollständige" Schwarze Löcher

Eine Frage, auf die ich bei der Lektüre erstaunlicherweise bisher nicht gestoßen bin, die aber naheliegt, ist: Gibt es Sterne mit einer hohen Massenkonzentration, welche niederfrequente energiearme elektromagnetische Strahlung über den Ereignishorizont nicht entkommen lassen, während es ihnen bezüglich der hochfrequenten Strahlung nicht gelingt, diese zurückzuhalten. Diese Frage drängt sich auf, wenn man bedenkt, dass z.B. Radiowellen sich von Röntgen-Strahlen in ihrer Frequenz und nach $E = h \nu$ auch in Ihrer Energie um 13 Zehnerpotenzen unterscheiden. Das Ergebnis müsste in den tausenden existierenden fotographischen Aufnahmen schon einmal aufgefallen sein. Also muss man schließen, dass es solche „Unvollständigen" Schwarzen Löcher nicht gibt. Aber warum nicht? Darauf konnte ich bisher keine Antwort erhalten.

5. Weitere Fragen zum Kosmos

Einige Probleme, die beim Nachdenken aufgetaucht sind, will ich kurz andeuten.

5.1 Wo liegt die Erde im Kosmos?

Aus der Rotverschiebung von Sternen und Galaxien schließt man auf die Entfernung und das Alter dieser Gebilde. Sind die am weitesten entfernten Galaxien in alle Himmelsrichtungen von der Erde aus gesehen gleichmäßig verteilt? Wenn dies zutrifft, was ist daraus zu schließen? Das Weltall wird mit einem sich ausdehnenden Rosinenkuchen verglichen, in welchem die Sterne die Rosinen sind. Doch in einem solchen Rosinenkuchen liegen einige Rosinen näher beieinander, andere Rosinen liegen am Rande. Wo liegt die Milchstraße und mit ihr die Erde, in der Mitte oder mehr am Rande? Kann man aus den Beobachtungen der Rotverschiebung Schlüsse auf die Lage der Erde ziehen? Kann man nicht mit Hilfe der am weitesten entfernten Sterne ein Galileisches Koordinatensystem festlegen [7]und den Galaxien darin Ortskoordinaten zuweisen? Müsste man die Erde darin nicht in der Mitte anordnen, wenn die ältesten Galaxien sich kugelsymmetrisch um die Erde verteilen?

---

[7] dessen Koordinaten von Zeit zu Zeit den astronomischen Befunden angepasst werden müssten.

5.2 Der Einfluss der Gravitation im Kosmos

Entsprechend der Allgemeinen Relativitätstheorie führt die Gravitation zur Raumkrümmung. Doch die Massen und damit die Gravitation sind im All sehr ungleich verteilt. Sie haben voneinander meist riesige Entfernungen. Das bedeutet doch wohl, dass eine umfassende Raumkrümmung des Alls so nicht erklärbar ist, sondern die Wirkung der Gravitation nur einer leicht welligen Landschaft zu vergleichen ist?

Bei einer Flüssigkeit sind die Anziehungskräfte allseitig gleichmäßig verteilt, nur an der Oberfläche gibt es gerichtete Kräfte, die die Oberflächenspannung bewirken. Lässt sich so etwas auch für das Weltall denken oder sind die Massen im Weltall zu weit voneinander entfernt. Zumindest für Gebilde mit hoher Massenkonzentration müsste so etwas wie eine Oberflächenspannung existieren.

5.3 Dunkle Energie

Der Grund zur Annahme einer Dunklen Energie ist wohl vor allem die beobachtete beschleunigte Rotverschiebung bzw. Ausdehnung des Weltalls. Da für diese Energie keine gegenwärtigen Quellen existieren, muss sie von Anfang an als potentielle Energie vorhanden gewesen sein. Eine Beschleunigung bedeutet, dass potentielle Energie in kinetische Energie umgewandelt wird. Dafür gibt es viele Beispiele in der Natur. Das Modell der Gravitationsbeschleunigung kommt nicht in Frage, denn die Ausdehnung erfolgt ja gerade entgegen der Gravitation. Aber wie wäre es, daran zu denken, dass im „Uratom" wegen der ungeheuer großen Gravitation auch eine ungeheuer große Raumkrümmung vorhanden war, die sich über einen großen Zeitraum, der immer noch anhält, entspannt – wie ein gespannter elastischer Stab oder eine gespannte Feder Diese Gegenstände haben auch das Bestreben, sich zu entspannen und werden auf dem Wege der Entspannung eine Wegstrecke mit zunehmender Beschleunigung durchlaufen, die dann gegen Null abklingt. Vielleicht ist die im All beobachtete Beschleunigung auch nur eine solche Entspannung.

Doch leider sind die beobachtbaren Zeiträume zu kurz, um eine dafür gültige Gesetzmäßigkeit erkennen zu können.

5.4 Zur Gravitationsenergie

In [2] haben wir abgeleitet, dass die potentielle Gravitationsenergie zwischen zwei Körpern durch die Gleichung $E_{pot} = - G\, m_1\, m_2/r$ wiedergegeben wird. Bei der Übertragung auf den Kosmos ergibt sich die Aussage, dass die Gravitationsenergie im gesamten Kosmos negativ ist. Hawking und Mlodinow [6, S.176] meinen, dass die Gravitation bezüglich der Energiebilanz im Kosmos eine wichtige Rolle spielt:

> *Wenn die Gesamtenergie des Universums immer null bleiben muss und es Energie kostet, einen Körper zu erschaffen, wie kann dann ein ganzes Universum aus dem Nichts hervorgebracht werden. Hier liegt der Grund, warum es eine Naturkraft wie die Gravitation geben muss. Da die Gravitation anziehend wirkt, ist Gravitationsenergie negativ: Wir müssen Arbeit leisten, um ein gravitativ gebundenes System wie die Erde und den Mond zu trennen. Diese negative Energie kann die zur Erzeugung von Materie erforderliche positive Energie aufwiegen.....*

Der Inhalt dieser Aussage unterscheidet sich von unserer Aussage insofern, als Hawking und Mlodinow nicht den absoluten Wert der potentiellen Gravitationsenergie meinen, sondern ihre Aussage bezieht sich auf eine Energieänderung.

Anzumerken ist noch, dass die Kosmologen den Begriff Gravitationsenergie als die Energie definieren, welche frei wird, wenn sich ein Himmelskörper aus seinen infinitesimalen Massebestandteilen bildet. Sie beziehen den Begriff Gravitationsenergie also auf eine Zustandsänderung im Kosmos und nicht auf das Potential eines gegebenen Zustands. Sie verfahren hier ähnlich den Chemikern, die von Reaktionsenergie oder Verbrennungsenergie sprechen und damit nicht die Energie des chemischen Systems, sondern deren Änderung meinen.

5.5 Die Bedeutung der Freien Enthalpie für die Evolution

Die Problematik, welche mich interessiert, ist, wie viel können wir von der Thermodynamik der Physik und der Physikalischen Chemie, die auf den Begriffen abgeschlossenes System, geschlossenes System, offenes System, Zustandsgröße, Prozessgröße, Innere Energie, Potentielle Energie, Kinetische Energie, Enthalpie, Entropie, Freie Energie u. Ä. mehr. beruhen, auf den Kosmos übertragen. Allgemein bekannt ist nur, dass der sogenannte Wärmetod des Weltalls mit dem Begriff der Entropie verknüpft wird.

In der Chemie gilt für geschlossene Systeme, also jene, die mit der Umgebung Energie austauschen können, dass die Richtung eines Prozesses bei konstantem Druck durch die Änderung der Freien Reaktionsenthalpie ΔG bestimmt wird. Wenn ΔG negativ ist, kann der Prozess spontan ablaufen. Die Freie Reaktionsenthalpie ist umso negativer, je mehr Wärme beim Übergang der Ausgangsstoffe in die Reaktionsprodukte frei wird und umso mehr Unordnung entsteht. Ordnung bedeutet Strukturiertheit. Unordnung bedeutet, die einzelnen Teile können sich beliebig aufhalten. Die Materie strebt also nach einem niedrigen Energiezustand und nach hoher Unordnung bzw. gleichmäßiger Verteilung. Quantitativ wird dies durch die Gleichung

$$\Delta G = \Delta H - T\Delta S \qquad (20)$$

erfasst. In dieser Gleichung ist ΔH die Reaktionsenthalpie, identisch mit der Reaktionswärme bei konstantem Druck. ΔH ist negativ, wenn Wärme frei wird und die Reaktion exotherm ist, also wenn die Reaktionsprodukte energieärmer als die Ausgangsstoffe sind. Wenn ΔH negativer wird, führt dies in Gl. (20) zu einem negativeren ΔG. Die Reaktion wird begünstigt. ΔH erfasst somit das Streben nach einem niedrigen Energiezustand. Das Streben nach Unordnung erfasst die Entropie S. Je größer die Unordnung ist, umso größer ist S. Wegen des negativen Vorzeichens des Entropieterms ist es für die Reaktion günstig, wenn ΔS positiv ist, wenn also die Entropie und die Unordnung zunehmen. Weil ΔS in Gl. (20) mit der absoluten Temperatur multipliziert wird, ergibt sich, dass das Streben nach Unordnung bei hoher Temperatur bestimmend wird. Deshalb finden bei hoher Temperatur bevorzugt Zersetzungsreaktionen statt, in denen aus einem Molekül mit relativ hoher Struktur kleine Teilchen entstehen, die frei beweglich sind und sich mal hier und mal dort aufhalten können. Bei niedriger Temperatur werden die Reaktionsenthalpie und das Streben nach niedriger Energie den Vorrang haben. Wenn sich Atome oder kleine Moleküle zu größeren Molekülen bzw. höheren Strukturen vereinigen, werden viele neue Bindungen geknüpft und viel Bindungsenergie wird freigesetzt. Bei relativ niedrigen Temperaturen können deshalb durchaus höhere Strukturen gebildet werden. Manche Evolutionsgegner behaupten, dass das Streben nach Unordnung und höherer Entropie gegen eine evolutionäre Bildung hoch strukturierter

Lebewesen spricht. Sie verkennen, dass in geschlossenen und noch mehr in offenen Systemen, bei denen auch Stoffaustausch zwischen System und Umgebung möglich ist, nicht die Entropiezunahme, sondern die Abnahme der Freien Enthalpie die Reaktionsrichtung bestimmt.

Natürlich basiert das Ganze darauf, dass am Anfang energiereiche Teilchen vorhanden waren oder durch Zufuhr von außen (auf der Erde durch die Sonne) neu gebildet werden können.

6. Besuchen Sie Potsdam und Caputh

Eines möchte ich zum Schluss den möglichen Lesern empfehlen:

Wenn Sie Einstein nahekommen wollen. besuchen Sie den Wissenschaftspark in Potsdam auf dem Telegrafenberg und den Erholungsort Caputh am Schwielow-See bei Potsdam.

Vom Potsdamer Hauptbahnhof ist es nicht weit zum Telegrafenberg mit dem Bus oder zu Fuß. Vom Hauptbahnhof kommend gehen Sie an den Straßenbahnhaltestellen vorbei in Richtung Süden, überqueren die Friedrich-Engels-Straße und die Heinrich-Mann-Allee und treffen auf die Albert-Einstein-Straße. Diese laufen Sie hoch, lassen die Häuserzeilen liegen und erreichen waldiges Gelände. Nach ca. 500 Metern geht es an einem Kletterpark vorbei zur Pforte des Wissenschaftsparks Albert Einstein, einer im englischen Landschaftsstil gestalteten Anlage. Den gleichen Weg nehmen jeden Morgen viele junge angehende Astrophysiker, Polarforscher, Geophysiker und Umweltschützer aus aller Herren Länder, die in den entsprechenden Instituten lernen und arbeiten.

Jeder, der zum ersten Mal dieses idyllische Gelände betritt, ist fasziniert von der Natur, der Ruhe, von den alten denkmalgeschützten Gebäuden, dem großen Refraktorgebäude und dem architektonisch interessanten Einsteinturm. Berühmte Forscher haben hier gearbeitet, wie Karl Schwarzschild, Erwin Finlay-Freundlich oder der durch seine Versuche zum Nachweis des Lichtäthers bekannte Amerikaner Michelson.

Viele Besucher kommen nach Potsdam, um Sanssouci und die herrlichen Parkanlagen zu besuchen. Aber viele fragen auch nach dem Einsteinturm. Einstein selbst hat hier keine astronomischen Beobachtungen getätigt, jedoch verschiedentlich an Sitzungen teilgenommen, in denen es um die gravitativ bedingte Rotverschiebung des Lichtes ging.

Wenn Sie im Park herumwandern, können Sie sich auf Schildern ausführlich darüber informieren, welche Wissenschaftler in welchen Gebäuden welche Spuren hinterlassen haben.

Einen Potsdam-Aufenthalt sollten Sie mit einem Ausflug (per Bus) nach Caputh verbinden.

Einstein war im April 1914 dem Ruf an die Berliner Akademie gefolgt und hatte sich in Caputh von dem Architekten Konrad Wachsmann ein Blockhaus als Sommerdomizil errichten lassen. Viele berühmte Freunde und Personen empfing er hier und genoss beim Segeln auf dem Schwielow-See Ruhe und Entspannung und sammelte Kraft zum Nachdenken über die allgemeine Relativitätstheorie. Dies alles können Sie im Caputher Einstein-Museum nachempfinden. Ihnen wünsche ich viele interessante Eindrücke! An seinen Sohn schrieb er:

Mein lieber Sohn, Sei gutes faules Tier,
Streck alle Viere weit von Dir,
Komm nach Caputh, pfeif auf die Welt,
Und auf Papa, wenn Dirs gefällt!

Literaturverzeichnis

[1] Joachim Schmidt: Nachgedacht I. Zur Volumenarbeit bei quasistatischer und bei nichtquasistatischer Prozessführung. Die Verwendung äußerer oder systemimmanenter Kräfte; GRIN-Verlag München 2016

[2] Joachim Schmidt, Wolfgang Bechmann: Nachgedacht II. Die Berechnung potentieller Energien und die Verwendung äußerer oder systemimmanenter Kräfte. Ideales Gas, Feder, geladene Teilchen und Gravitation; GRIN-Verlag München 2016

[3] Albert Einstein: Über die spezielle und die allgemeine Relativitätstheorie; Akademie-Verlag Berlin, Pergamon Press Oxford, Vieweg+Sohn Braunschweig 21. Auflage des Verlags Vieweg+Sohn 1970 . Von A.Einstein geschrieben 1916,

[4] Albert Einstein: Grundzüge der Relativitätstheorie; Akademie-Verlag Berlin, Pergamon Press Oxford, Vieweg+Sohn Braunschweig 5. Auflage des Verlags Vieweg+Sohn . Von Einstein geschrieben 1922 und überarbeitet 1954 2.Auflage 1970

[5] Hermann Weyl: Raum Zeit Materie, Vorlesungen über Allgemeine Relativitätstheorie; Verlag von Julius Springer 3. Auflage 1919 . Nachdruck in Classic Reprint Series

[6] Stephan Hawking, Leonard Mlodinow: Der große Entwurf (aus dem Englischen von Hainer Kober); Rowohlt Taschenbuch Verlag Reinbek bei Hamburg 2010

[7] Stephen Hawking, Leonard Mlodinow: Die kürzeste Geschichte der Zeit (aus dem Englischen von Hainer Kober); Rowohlt Taschenbuch Verlag Reinbeck bei Hamburg 2006

[8] Stephen Hawking, Leonard Mlodinow: Das Universum in der Nussschale (aus dem Englischen von Hainer Kober) fachliche Beratung durch Markus Pössel; Deutscher Taschenbuch Verlag

[9] Simon Singh: Big Bang Der Ursprung des Kosmos und die Erfindung der modernen Naturwissenschaft; Deutscher Taschenbuchverlag München 4. Auflage 2011

[10] Albert Einstein: Zur Elektrodynamik bewegter Körper; Annalen der Physik 17 (1905) abgedruckt in Das Relativitätsprinzip, Eine Sammlung von Abhandlungen, mit Anmerkungen von A. Sommerfeld, Albert Einstein, Hermann Minkowski, Hendrik Antoon Lorentz; Druck und Verlag B.G. Teubner Leipzig und Berlin 1913. Neudruck in der Stanford Library

Danksagung:

Ich danke den Germanisten Prof. Hartmut Schmidt für interessante Anmerkungen und Renate Schmidt für die kritische Durchsicht des Manuskripts.